ৎ৪৫৩

ঙ৪ও

ଓଁଓ

ଓଡ଼ିଆ

ସେହି

ଓଁ

ସମାପ୍ତ

ଓଡ଼ିଆ

ଓଡ଼

ଓଁଉ

ସେନ

ଓଁର

ଓଡ଼ିଆ

ଓଡ଼ିଆ

ଓଡ଼ିଆ

ଔଷଧ

ॐ

ତଥେ

ଓଁ

ଓଡ଼ିଆ

ଓଡ଼ିଶା

ଓଡ଼ିଆ

ଓଡ଼ିଆ

ଓଡ଼ିଆ

ଓଡ଼ିଆ

ସ୍ତର

ଓଁରେ

ଓଡ଼ିଆ

ଓଡ଼ିଆ

ଓଡ଼

ଓ୍ତୋର

ଓଡ଼ିଆ

ଓଳେ

ସେଠ

ଓଡ଼ିଆ

ଓଃଓଃ

ଓଡ଼ିଆ

ସରୋଜ

ଓଡ଼ିଆ

ଓଅଁ

ଓଁ

ଓଡ଼ିଆ

ସେକ

ସରୋଜ

ଓଁ

ଓଡ଼ିଆ

ଓଡ଼ିଆ

ଓଓଔଓ

ଓଡ଼ିଆ

ଓଡ଼ିଆ

ଓଲ

ଓଁଓ

ଓଡ଼ିଆ

ସତ୍ୟ

ଓଡ଼ିଆ

৭৮

ଓଡ଼ିଆ

ରଣ

ଓଡ଼

ଓଃରେ

ଓଡ଼ିଆ

୭୯

ଓଢ଼ର

ଓଵେ

ସ୍ମର

ସେଠ

ଓଃୟ

www.ingramcontent.com/pod-product-compliance
Lightning Source LLC
Chambersburg PA
CBHW070434220526
45466CB00004B/1674
* 9 7 8 1 6 9 7 9 3 5 9 6 7 *